1981年	美国发射第一架航天飞机——哥伦比亚号航天飞机
	旅行者2号探测器接近土星并传回土星的照片
1982年	苏联金星13号拍摄首张金星表面的彩色照片
1983年	美国成功发射挑战者号航天飞机
1984年	美国成功发射发现者号航天飞机
1985年	美国成功发射亚特兰蒂斯号航天飞机
	日本发射哈雷彗星探测器先驱号和彗星号
1986年	旅行者2号接近天王星并传回天王星的照片
	美国挑战者号航天飞机发生事故，飞机在升空约73秒后爆炸解体，机上宇航员全部遇难
	苏联发射和平号空间站
1989年	旅行者2号接近海王星并传回海王星的照片
	美国发射木星探测器伽利略号
1990年	旅行者1号拍摄了太阳、木星、土星、金星、天王星、海王星和地球的照片，科学家根据这些照片合成了太阳系的“全家福”
	美国成功发射哈勃空间望远镜
	日本发射飞天号探测器
1991年	日本发射阳光号X射线观测卫星
1992年	美国发射奋进号航天飞机
1993年	奋进号航天飞机上的宇航员对哈勃空间望远镜进行了维修
	日本发射飞鸟号X射线观测卫星
1995年	美国伽利略号木星探测器抵达木星并传回数据
1997年	美国探路者号火星探测器成功登陆火星并传回火星的照片
2001年	美国的会合-舒梅克号探测器成功登陆小行星爱神，成为首架在小行星着陆的探测器
	美国企业家丹尼斯·蒂托成为世界上第一位太空游客，并为此支付了2000万美元
2003年	中国自行研发的神舟五号载人飞船在酒泉卫星发射中心发射升空后，准确进入预定轨道。中国首位航天员杨利伟被顺利送上太空
	哥伦比亚号航天飞机发生事故，飞机在进入大气层时爆炸解体，机上宇航员全部遇难
2004年	美国卡西尼号土星探测器成功拍摄到土星环的照片
	美国信使号水星探测器发射升空
2005年	日本隼鸟号小行星探测器收集到小行星丝川的样本
2006年	美国星尘号探测器成功将彗星尘埃样本带回地球
	日本发射AKARI红外线天文卫星和日出号太阳观测卫星
2007年	中国历史上第一颗绕月人造卫星嫦娥一号在西昌卫星发射中心发射升空。嫦娥一号卫星首次绕月探测的成功，标志着中国具备了深空探测能力
	日本H-IIA运载火箭搭载月亮女神号月球探测器发射升空
2010年	美国信使号水星探测器拍摄到太阳系全家福照片
	英国维珍银河公司建造的商用宇宙飞船发射试验获得成功
	美国太空探索技术公司成为首家将宇宙飞船送入地球轨道并成功回收的民营公司
	日本H-IIA运载火箭搭载晓号金星探测器发射升空
	日本隼鸟号小行星探测器带着小行星丝川的样本返回地球，成为首架将样本从小行星上成功带回地球的探测器
2011年	美国亚特兰蒂斯号航天飞机最后一次执行飞行任务，此次飞行任务的完成预示着美国航天飞机时代结束
	美国发射好奇号火星探测器
2012年	美国太空探索技术公司发射天龙号飞船，首次成功完成由商业飞船向空间站运送补给的任务
	旅行者1号探测器进入星际空间
2014年	欧洲空间局发射的罗塞塔号彗星探测器成功登陆彗星，这是历史上第一架在彗星着陆的探测器
2015年	日本晓号金星探测器成功进入金星轨道
2018年	日本隼鸟2号小行星探测器抵达小行星龙宫
2019年	中国嫦娥4号月球探测器在月球背面成功着陆。嫦娥4号所搭载的棉花种子在探测器抵达月球数日后发芽，这是首次有植物在地球以外的天体上发芽
2020年	美国太空探索技术公司发射猎鹰9号运载火箭，火箭搭载天龙号飞船飞往国际空间站
2021年	负责执行中国首次火星探测任务的天问一号探测器成功在火星着陆
	中国的神舟十二号载人飞船成功发射并进入预定轨道，顺利将聂海胜、刘伯明、汤洪波三名航天员送入太空。他们先后进入天和核心舱，标志着中国人首次进入自己的空间站

从太空到深海，是一趟宛如梦境的旅程。

一些了不起的人已经完成了从太空到深海的壮举。

不过，总有一天，我们每一个人都能踏上这段旅程。

这一天并不遥远，就在触手可及的未来。

这本书，就是为这一天准备的导游手册。

请开始你的太空—深海之旅吧！

（长沼毅）

审订人：长沼毅

生于1961年4月12日——人类首次遨游太空的日子。从太空到深海、从北极到南极、从沙漠到高山……他对生命科学的探索几乎打破了各种地理上的局限，因此被誉为“科学界的印第安纳·琼斯”（注：印第安纳·琼斯是经典冒险电影“夺宝奇兵”系列的男主人公）。曾任日本海洋研究开发机构研究员、美国加利福尼亚大学圣塔芭芭拉分校研究员，现为日本广岛大学大学院综合生命科学研究科教授。

绘者：大桥庆子

1981年生于日本岐阜县。从武藏野美术大学毕业后，成为插画师兼绘本作家。主要作品有绘本《森林里的洞穴》《巨大的扭蛋》，还曾为《一个人能完成吗？第一次做家务》《月亮的秘密系列》等创作插画。

从太空到深海

日本 303 BOOKS◎编
〔日〕大桥庆子◎绘
戴黛◎译
〔日〕长沼毅◎审订

北京科学技术出版社

小毅乘坐的印第号宇宙飞船马上就要抵达月球了。

『我是小毅。当前位置距地球38万千米。收到请回答。』

『我是博士。位置收到，辛苦了！完成月球探测任务后，请返回地球。』

『明白！』

小毅干劲十足地回答。

宇航员
月球车
能在崎岖不平的月球表面正常行驶，探测范围很广。
隼鸟2号
小行星探测器，将在小行星龙宫上采集的样本带回了地球，以便科学家研究太阳系的历史。
月球轨道飞行器
环绕月球运行的人造卫星，可以探测月球上是否有冰。
印第号（航天用）

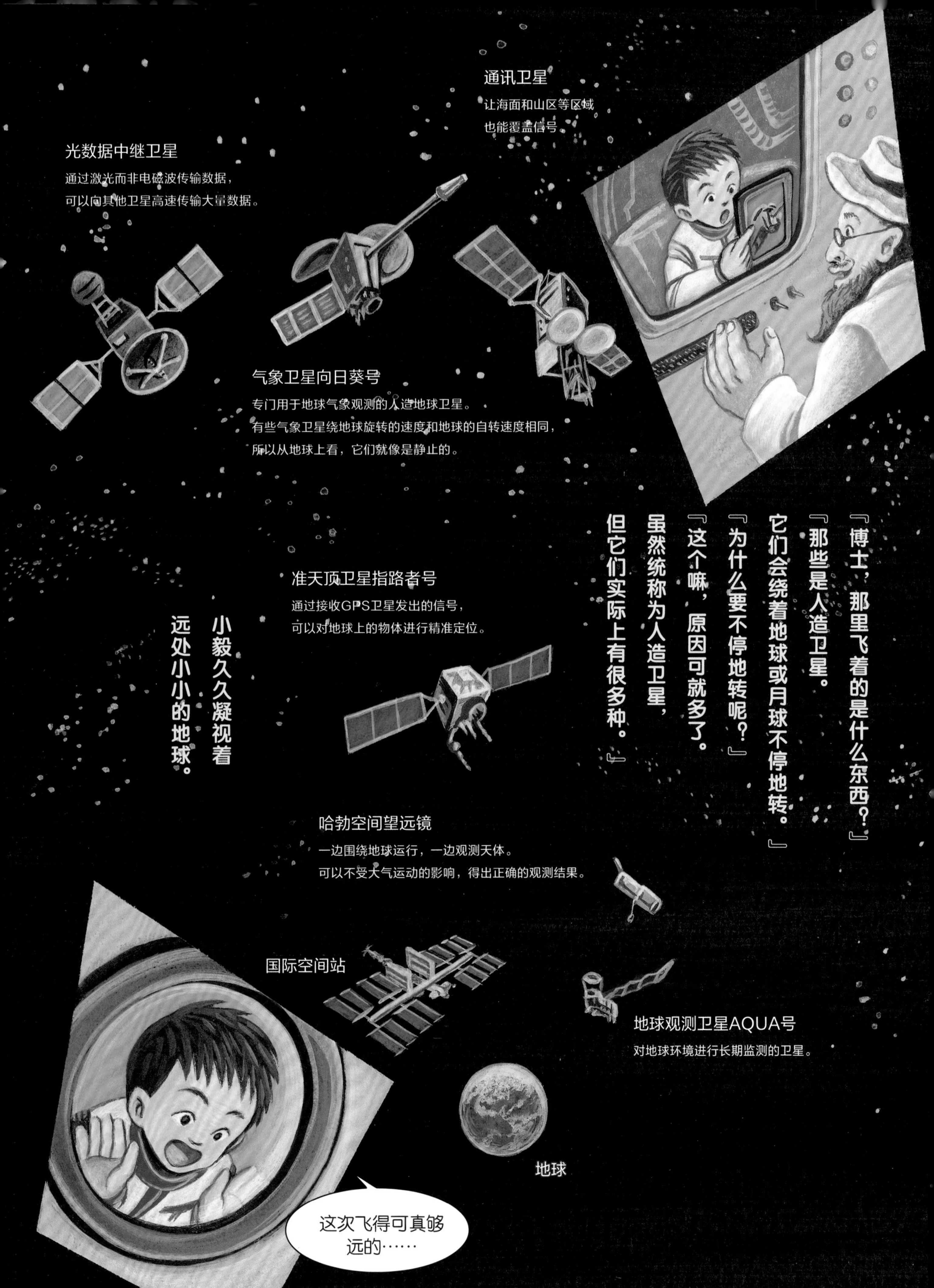
通讯卫星
让海面和山区等区域
也能覆盖信号。
光数据中继卫星
通过激光而非电磁波传输数据，
可以向其他卫星高速传输大量数据。
气象卫星向日葵号
专门用于地球气象观测的人造地球卫星。
有些气象卫星绕地球旋转的速度和地球的自转速度相同，
所以从地球上看，它们就像是静止的。
「博士，那里飞着的是什么东西？」
「那些是人造卫星。
它们会绕着地球或月球不停地转。」
「为什么要不停地转呢？」
「这个嘛，原因可就多了。
虽然统称为人造卫星，
但它们实际上有很多种。」
准天顶卫星指路者号
通过接收GPS卫星发出的信号，
可以对地球上的物体进行精准定位。
小毅久久凝视着
远处小小的地球。
哈勃空间望远镜
一边围绕地球运行，一边观测天体。
可以不受大气运动的影响，得出正确的观测结果。
国际空间站
地球观测卫星AQUA号
对地球环境进行长期监测的卫星。
地球
这次飞得可真够
远的……

在距离地面约 350 千米的地方，小毅看到了国际空间站。『难得能在这里相遇，我去和大家打个招呼吧！』小毅驾驶着印第号，与空间站的对接舱完成了对接。

命运号实验舱
美国建造的实验舱。
哥伦布号实验舱
欧洲建造的实验舱
对接舱
货物和宇航员通过对接舱出入。
现在进行舱外活动！
空间机械臂
主要用于空间站的维修和
人造卫星的捕获与释放。
舱外活动
维修空间站或更换装置时，
宇航员会进行舱外活动。
我们的太空餐菜单上
总共有200种菜品！
嗨，小毅！
欢迎来到国际空间站！
我们培育青鳉鱼，
观察它们在太空中的
生长状况。
地球

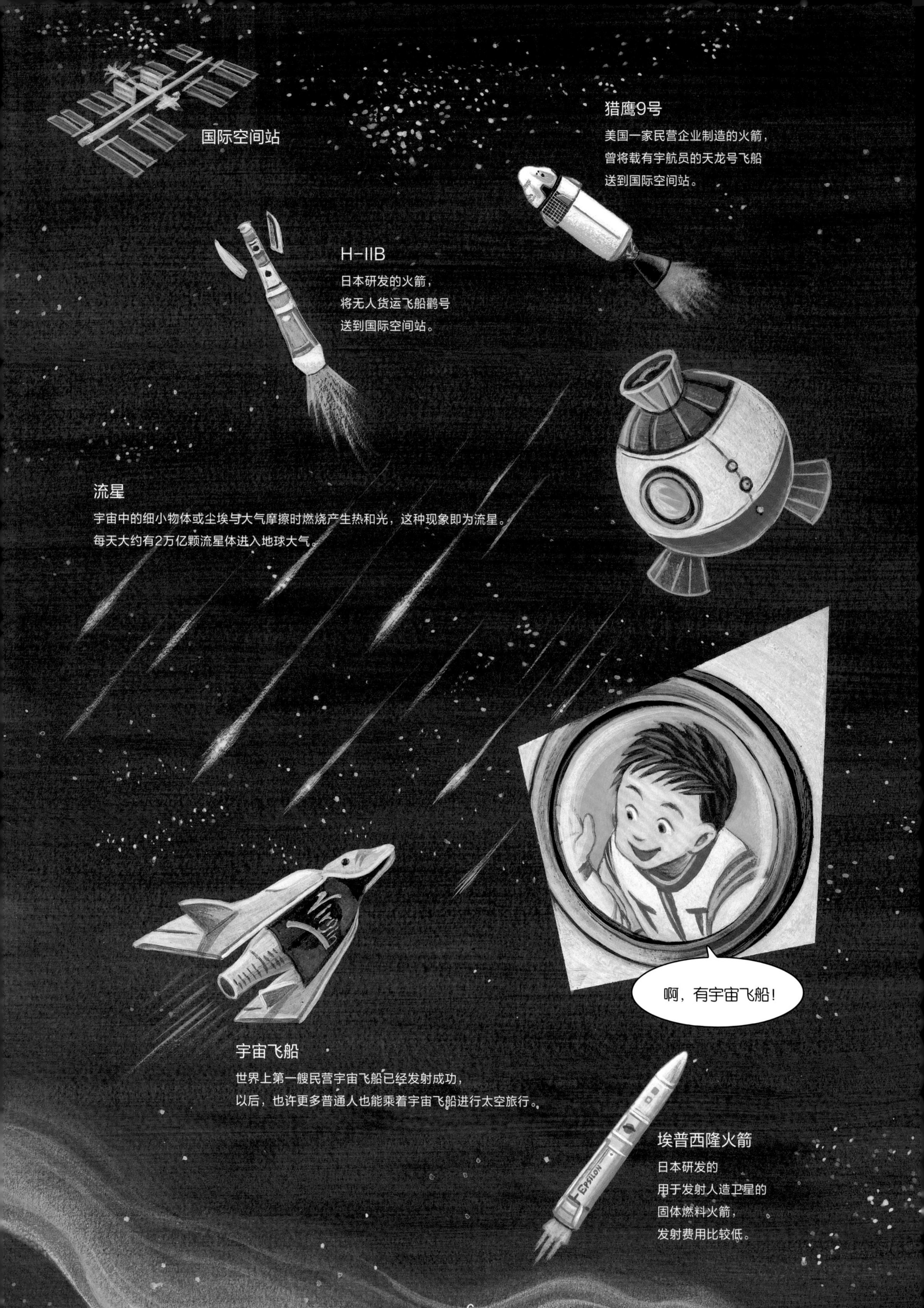
国际空间站
猎鹰9号
美国一家民营企业制造的火箭，
曾将载有宇航员的天龙号飞船
送到国际空间站。
H-IIB
日本研发的火箭，
将无人货运飞船鹳号
送到国际空间站。
流星
宇宙中的细小物体或尘埃与大气摩擦时燃烧产生热和光，这种现象即为流星。
每天大约有2万亿颗流星体进入地球大气。
啊，有宇宙飞船！
宇宙飞船
世界上第一艘民营宇宙飞船已经发射成功，
以后，也许更多普通人也能乘着宇宙飞船进行太空旅行。
埃普西隆火箭
日本研发的
用于发射人造卫星的
固体燃料火箭，
发射费用比较低。

气辉

地球高层大气受到太阳紫外辐射激发后会发生一系列反应，产生微弱的发光现象。

在距离地面 100 千米的地方，
出现了大片极光。
『小毅，那里是地球大气层和太空的分界处。
你看看，天空的颜色是不是渐渐不一样了？』
『博士，从太空中看，极光真是太美了！』
『是吧？你可要好好记住今天看到的景色哟！』

极光

在地球高纬度高空出现的巨大的彩色光辉。
极光通常呈带状、弧状、幕状或放射状，
颜色会随着海拔高度的变化而改变，
高海拔地区有时会出现红色极光，
而低海拔地区常常出现绿色极光。

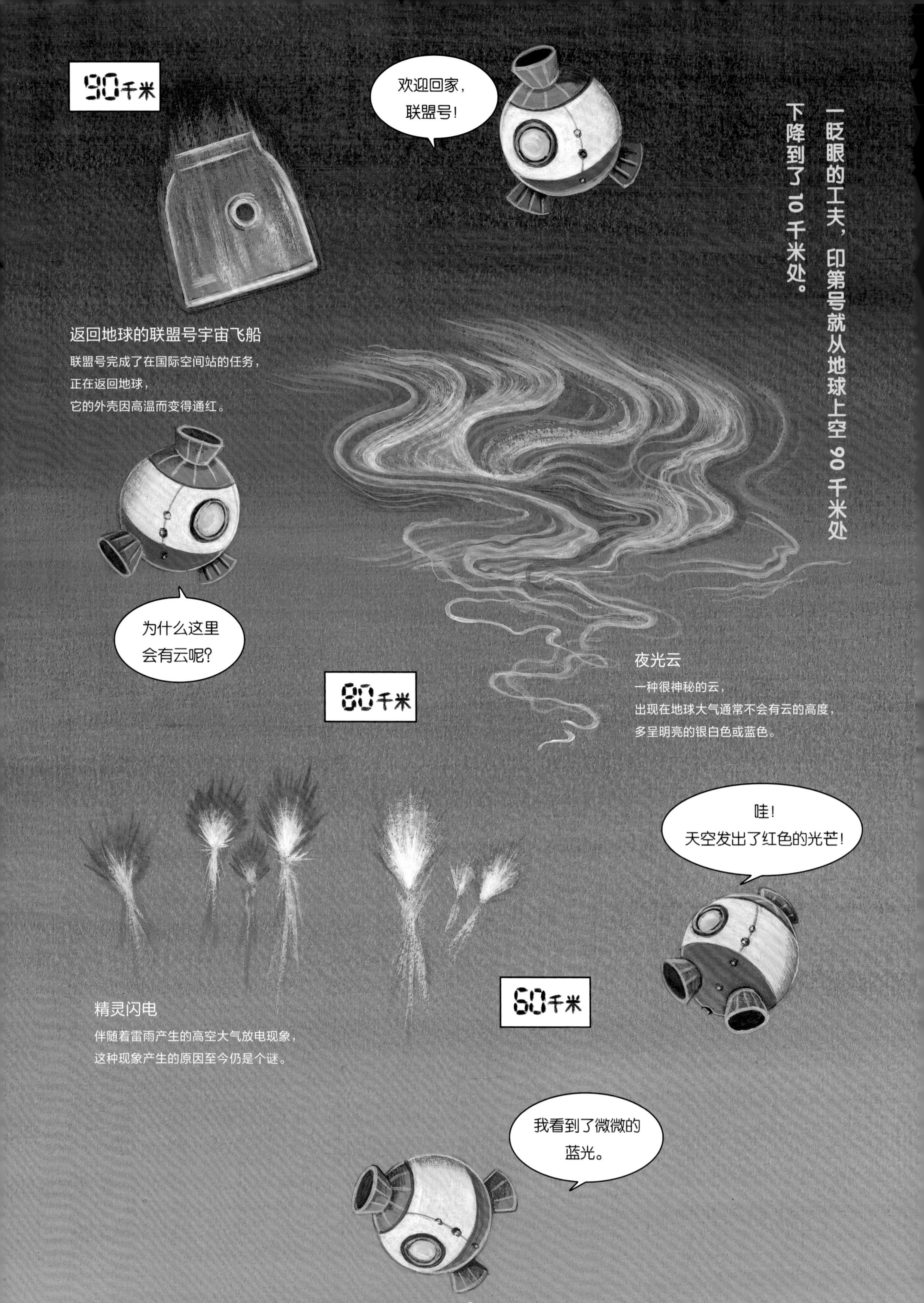
一眨眼的工夫，印第号就从地球上空 90 千米处
下降到了 10 千米处。
90千米
欢迎回家，
联盟号！
返回地球的联盟号宇宙飞船
联盟号完成了在国际空间站的任务，
正在返回地球，
它的外壳因高温而变得通红。
为什么这里
会有云呢？
80千米
夜光云
一种很神秘的云，
出现在地球大气通常不会有云的高度，
多呈明亮的银白色或蓝色。
哇！
天空发出了红色的光芒！
60千米
精灵闪电
伴随着雷雨产生的高空大气放电现象，
这种现象产生的原因至今仍是个谜。
我看到了微微的
蓝光。

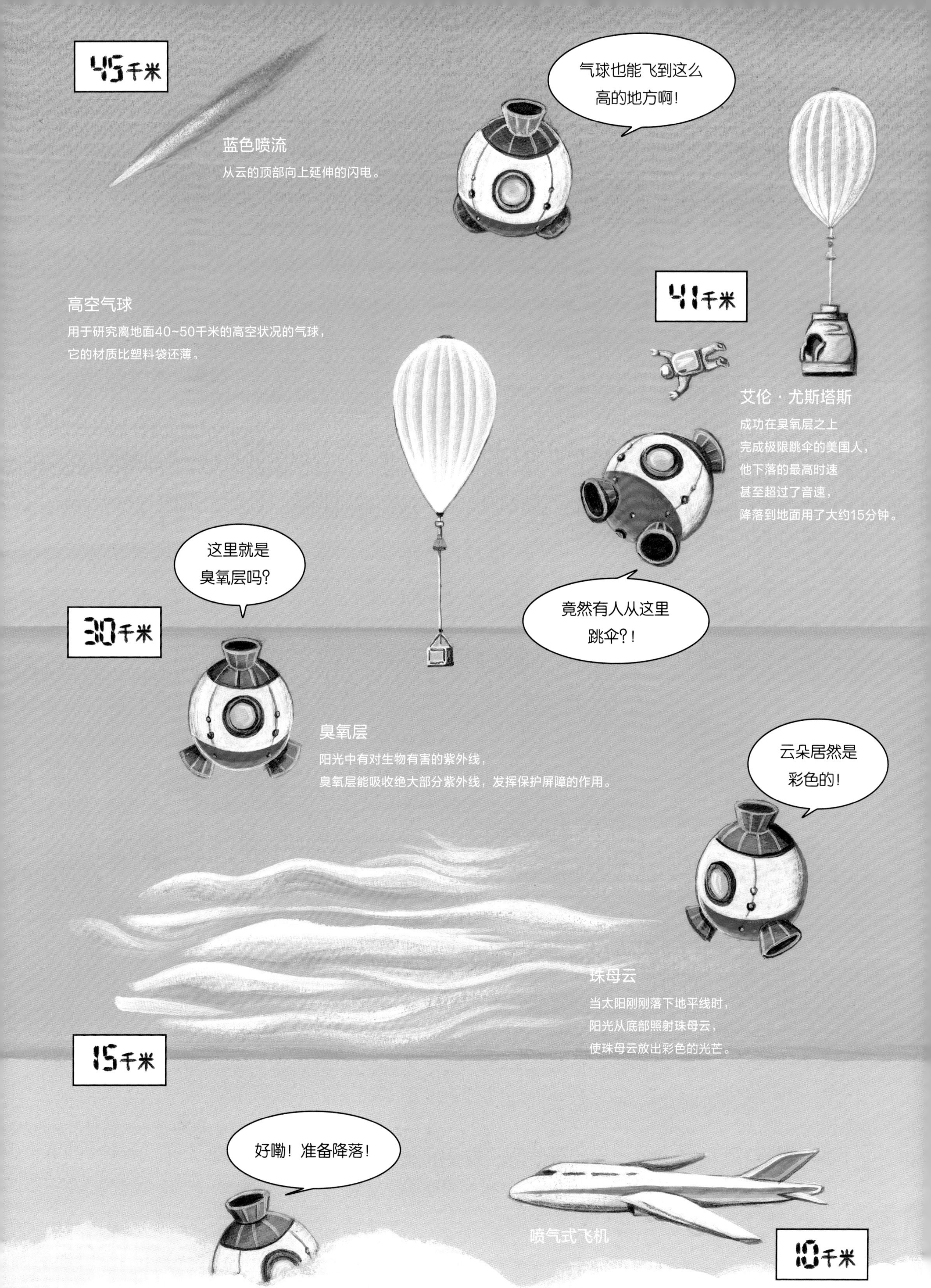
45千米
气球也能飞到这么高的地方啊！
蓝色喷流
从云的顶部向上延伸的闪电。
41千米
高空气球
用于研究离地面40~50千米的高空状况的气球，
它的材质比塑料袋还薄。
艾伦·尤斯塔斯
成功在臭氧层之上
完成极限跳伞的美国人，
他下落的最高时速
甚至超过了音速，
降落到地面用了大约15分钟。
这里就是臭氧层吗？
竟然有人从这里跳伞？！
30千米
臭氧层
阳光中有对生物有害的紫外线，
臭氧层能吸收绝大部分紫外线，发挥保护屏障的作用。
云朵居然是彩色的！
珠母云
当太阳刚刚落下地平线时，
阳光从底部照射珠母云，
使珠母云放出彩色的光芒。
15千米
好嘞！准备降落！
喷气式飞机
10千米

印第号进入积雨云后，
小毅和博士之间的通话变得断断续续。
『小毅……听得……到吗？
气流……波动……很大。
印第号……很可……能……
被……击落……
赶紧……冲破……云层！』
『明白！』
小毅用力握紧
印第号的操纵杆。

积雨云

在上升气流的作用下，笔直冲上高空的厚厚的云层就是积雨云。空中一旦形成大片积雨云，云层上部的大颗冰晶就会坠落，从而产生打雷、闪电、降雨、刮大风、下冰雹等天气现象。

就在印第号的旁边，
一架飞机被雷电击中了！
『积雨云中……有……雷电乱窜……一定……要……小心！』
『明白！』
轰隆！
雷电击中飞机
飞机的金属材料能够保护飞机，
因此飞机即使被雷电击中也不会爆炸。
啊——

蓑羽鹤
蓑羽鹤迁徙时，会借助于上升的气流翻越喜马拉雅山脉。
黄嘴山鸦
乌鸦的同类，长有黄色的喙。它的栖息地的海拔最高。
登山者
高山上氧气非常稀薄，所以登山者会背着氧气罐。即便如此，他们每迈出一步，都要花费很长时间，登山过程十分艰苦。
珠穆朗玛峰
（海拔8848.86米）
喜马拉雅山脉的主峰，世界上最高的山峰。
彩虹
云层像地毯一样！

印第号降到了海拔 8000 米左右的珠穆朗玛峰峰顶附近。

这时，小毅看到一群鸟儿正悠然越过珠穆朗玛峰。

「竟然有鸟儿能飞到这么高的地方！」

「博士，我是小毅。
我已抵达 5200 米左右的珠穆朗玛峰北坡山脚。
我看到了许多五颜六色的旗帜。」
「那应该就是珠峰大本营了，
是供攀登珠穆朗玛峰的登山者休养的基地。」
云海
云层像海浪一样绵延不断。
我看到了很多漂亮的旗帜。
风马旗
西藏传统的五色旗帜；
登山者挂上风马旗，祈祷登顶成功。
牦牛
一种和牛相似的动物，
能帮助登山者搬运行李。
珠峰大本营
夏尔巴人
居住在高山上，
为登山者提供帮助，以充当登山向导闻名。

印第号很快就来到了日本上空。
「富士山真高啊！啊！我看到晴空塔了！」
飞艇
海鸥
游船
伊豆半岛
气球
富士山
（海拔3776米）
三宅岛
神津岛
大岛
横滨地标大厦
（296米）
房总半岛
三浦半岛
横滨海洋塔（106米）
喷气式飞机
东京湾
东京塔（333米）
皇居
东京站
东京巨蛋
成田山新胜寺
东京晴空塔
（634米）
筑波研究学园都市
东北新干线
隼鸟号列车
物流无人机
筑波山
（海拔877米）

研究所里，博士和小狗约翰看上去很小，很小。
博士——我在这里！
天文台
博士的研究所
博士
汪！
博士的小狗约翰

一回到研究所，
小毅就立刻奔向博士。
『我回来了！』
『欢迎回来，小毅！』
『博士博士！
我要跟您说说这次的大发现！』
小毅兴奋得两眼放光，
向博士讲述一路上的所见所闻。
『让你来驾驶印第号，
真是选对人了！
来吧，我们的探险之旅还没结束呢！
我这就对印第号进行检修维护，
方便你随时出发！』
『谢谢您，博士！』

印第号（潜水用）

沙滩上，博士和小狗约翰的身影变得越来越小。
小毅使劲挥手和他们告别。
海之家
MARINE
游浴处
刨冰
沙滩遮阳伞
晒日光浴的人
沙堡
招潮蟹
博士的小狗约翰
博士
海葵
海胆
浮潜的人
钓鱼的人
香蕉船
黑尾鸥
海豚
飞鱼

印第号在海上
晃晃悠悠，漂来荡去。
看着眼前波光粼粼的海面，
小毅感慨不已。

座头鲸
印第号在碧波荡漾的
大海中缓缓下潜。
『博士，这里有好多鱼在游来游去啊！』
『阳光能照射到的地方
有丰富的食物，
所以鱼儿们都会聚集过来。』
啊！一大群沙丁鱼！
鱼群看上去好像一个大圆球！
蠵龟
沙丁鱼群
霓虹雀鲷
古氏新魟
格纹蝴蝶鱼
副鳚
克氏双锯鱼
突额鹦嘴鱼
马夫鱼
隆背笛鲷
蠕纹裸胸鳝
日本蝠鲼
朴蝴蝶鱼

印第号下潜至水深 200 米处时，
小毅准备进行舱外活动。
「刚刚舱外还很明亮，
到了这里居然一片漆黑了。」
「这个深度的海域，
阳光几乎无法照射到了。
水深超过 200 米的海域，就算深海了。」

日本竹荚鱼群
赫伯特·尼奇
奥地利自由潜水员，自由潜水世界纪录保持者。他曾下潜至水深253米处，创造了吉尼斯世界纪录。
巨口鲨（体长6米）
一种嘴巴巨大的鲨鱼，在全世界范围内都很罕见。
圆后海百合
（高40厘米）
海百合的亲戚，一种食肉生物，能利用枝条般的腕足移动。
感觉我能在这里发现新物种！
海雪
由微小的浮游生物的尸体聚集而成。在黑暗的深海中，这些死亡的浮游生物看上去如同纷纷飘落的雪花，因此被称作海雪。
腔棘鱼
（体长2米）
此前人们一直认为这种鱼在很久以前就已灭绝。后来人们发现，世界上仍有活的腔棘鱼，因此它被称为“海洋活化石”。
拟柳珊瑚
（高1米）
一种以微生物为食物的食肉生物。

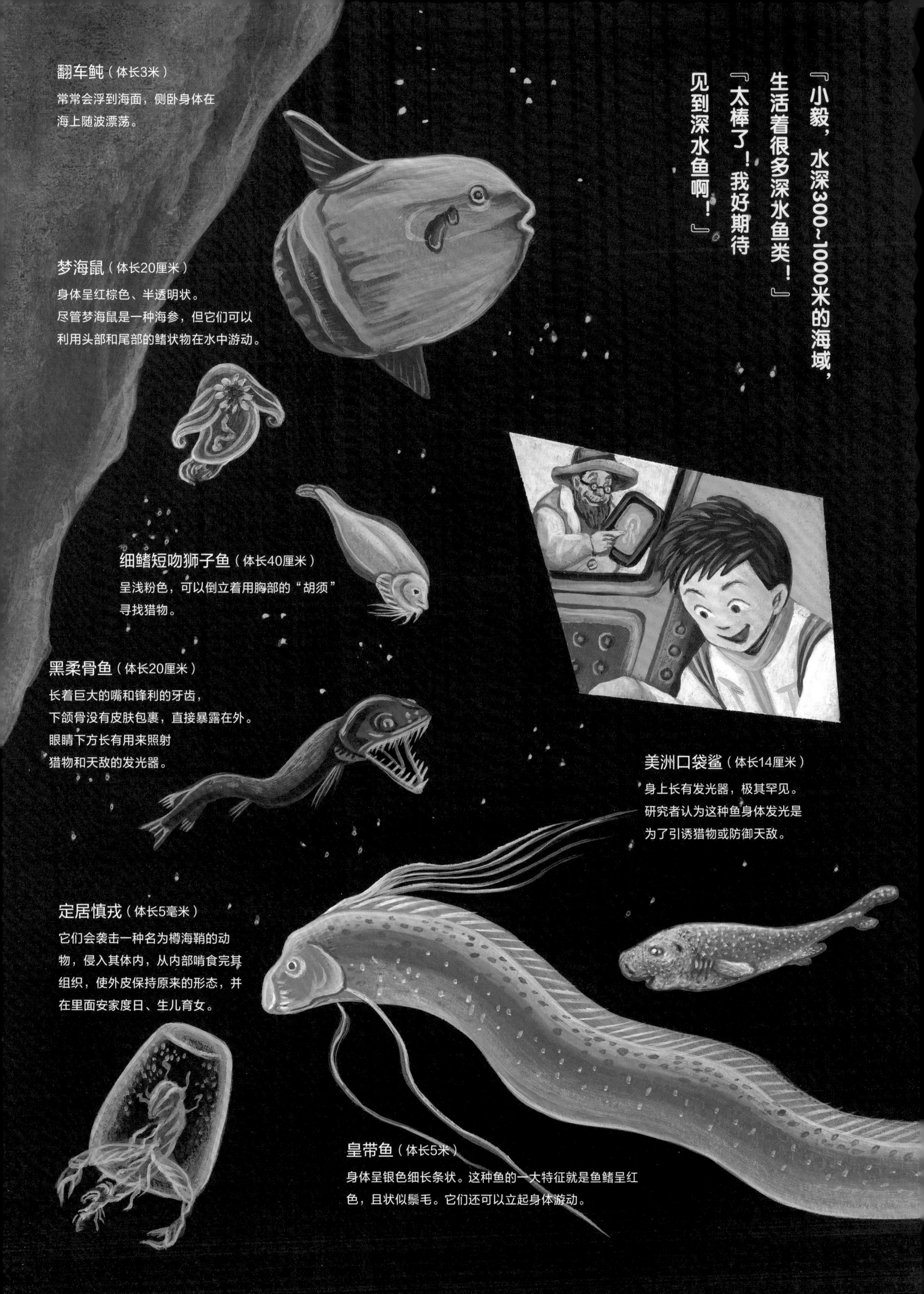

「小毅，水深300~1000米的海域，生活着很多深水鱼类！」

「太棒了！我好期待见到深水鱼啊！」

翻车鲀（体长3米）

常常会浮到海面，侧卧身体在海上随波漂荡。

梦海鼠（体长20厘米）

身体呈红棕色、半透明状。尽管梦海鼠是一种海参，但它们可以利用头部和尾部的鳍状物在水中游动。

细鳍短吻狮子鱼（体长40厘米）

呈浅粉色，可以倒立着用胸部的“胡须”寻找猎物。

黑柔骨鱼（体长20厘米）

长着巨大的嘴和锋利的牙齿，下颌骨没有皮肤包裹，直接暴露在外。眼睛下方长有用来照射猎物和天敌的发光器。

美洲口袋鲨（体长14厘米）

身上长有发光器，极其罕见。研究者认为这种鱼身体发光是为了引诱猎物或防御天敌。

定居慎戎（体长5毫米）

它们会袭击一种名为樽海鞘的动物，侵入其体内，从内部啃食完其组织，使外皮保持原来的形态，并在里面安家度日、生儿育女。

皇带鱼（体长5米）

身体呈银色细长条状。这种鱼的一大特征就是鱼鳍呈红色，且状似鬃毛。它们还可以立起身体游动。

渊宿水母（直径60厘米）

巨大的伞帽上有网状花纹。它的天敌是海龟。

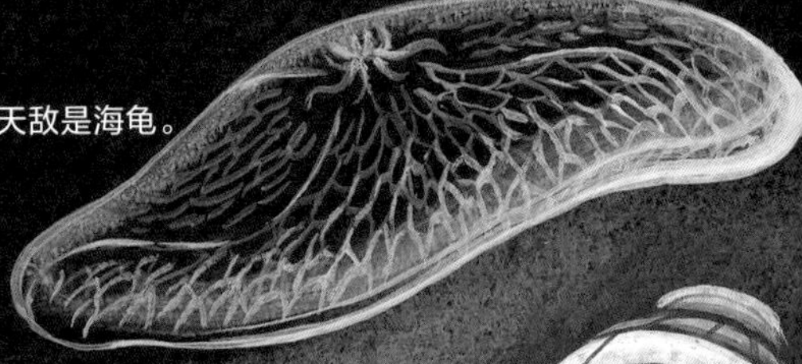

红灯笼水母（体长15厘米）

透明的伞帽内壁呈红色，因此这种水母看上去就像灯笼一样。在深海，红色并不是一种显眼的颜色。

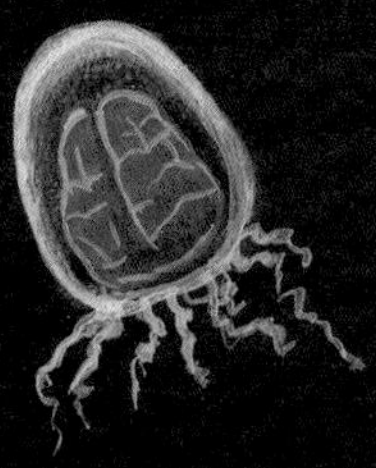

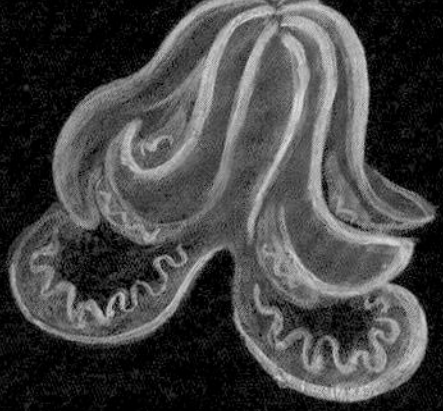

血腹带水母（直径16厘米）

体表长满了一排排梳齿状的细毛，整体呈深紫红色。

大王具足虫（体长40厘米）

与陆地常见的潮虫体形相似，但比潮虫大得多。它们以海洋动物的尸体为食，因此也被称为“海洋清道夫”。

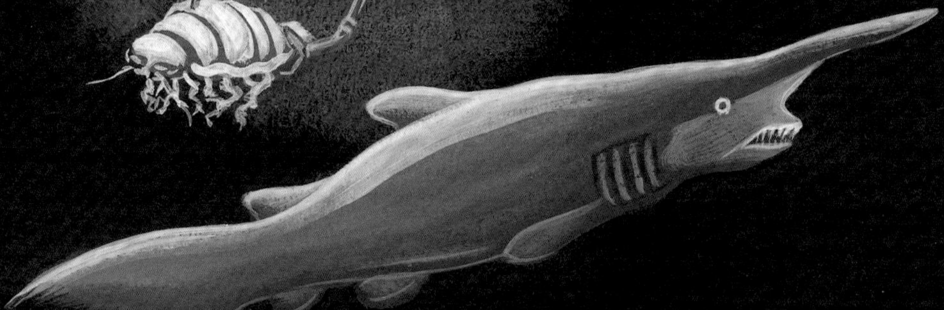

扁面蛸（直径25厘米）

体形扁平，就像被什么东西压扁了一样。它们通过伸缩腕足的方式在水中游动。

欧氏尖吻鲨（体长3米）

吻较长，呈扁平状，形似刮刀。捕捉猎物时，它们会张开尖尖的嘴巴，用锋利的长牙咬住猎物。

宽咽鱼

（体长75厘米）

巨大的嘴巴可以用来储存小型猎物。

鞭冠鱼（体长30厘米）

头部长出的器官可以发光，因为上面寄生着能发光的细菌。

蝰鱼（体长35厘米）

可以把嘴张得很大，吞下比自己体形大的猎物。

幽灵蛸

（体长10厘米）

腕足通过薄膜相连，遇到危险时，可以将腕足翻转过来覆盖在身体上，将身体蜷缩成球状来保护自己。

掠食性海鞘（体长25厘米）

总是张着大嘴，等待小蟹或小鱼撞进来，然后一口吞下。

鲛水母（直径75厘米）

腕足比普通水母的粗很多，形似人类的手指。

后肛鱼

（体长10厘米）

头部是透明的，眼球可以朝正上方看。

贡氏深海狗母鱼

（体长25厘米）

尾鳍尖和腹鳍的一部分较长，因此这种鱼可以像三脚架一样立住，等待猎物出现。

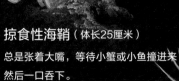

在水深2000米处，
印第号通过雷达发现
有东西在水中剧烈翻滚。
『博士，没想到能在这么深的地方
看到鲸鱼和乌贼打架！』
『你可不是它们的对手，
要是被牵扯进去就麻烦了！
快离开那儿！』
『好！印第号，全速前进！』
小毅以最快的速度离开了那里。

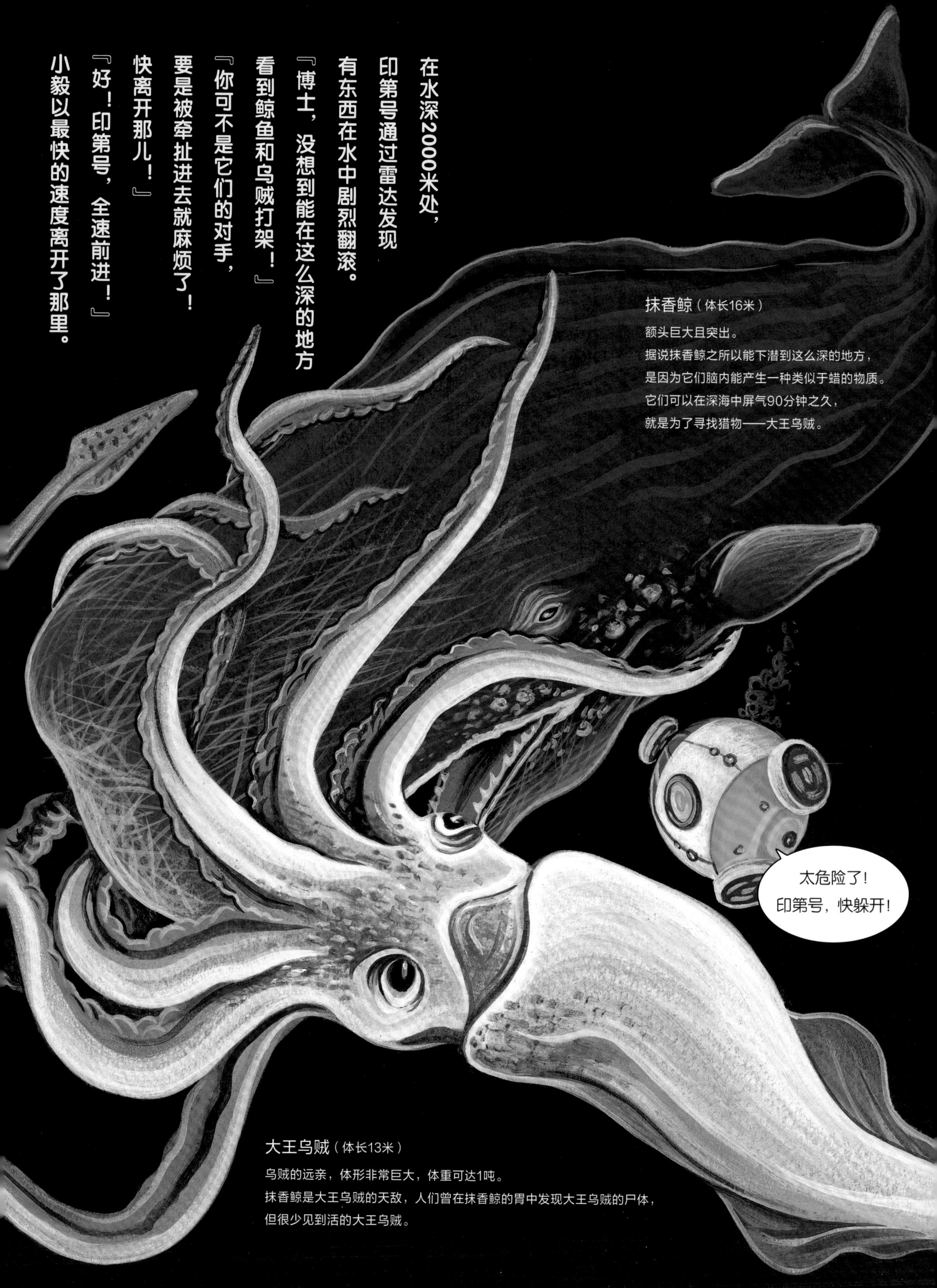

抹香鲸（体长16米）

额头巨大且突出。
据说抹香鲸之所以能下潜到这么深的地方，
是因为它们脑内能产生一种类似于蜡的物质。
它们可以在深海中屏气90分钟之久，
就是为了寻找猎物——大王乌贼。

大王乌贼（体长13米）

乌贼的远亲，体形非常巨大，体重可达1吨。
抹香鲸是大王乌贼的天敌，人们曾在抹香鲸的胃中发现大王乌贼的尸体，
但很少见到活的大王乌贼。

它们在干什么？

小毅在水深3000米处
发现了一些形状怪异的岩石。
『博士，岩石上好像聚集了很多生物。』
『啊，那可不是岩石，那是鲸鱼的骨骼。
深海几乎没有什么能吃的东西，
所以对那些生活在深海的生物来说，
鲸鱼的骨骼可是一顿超级大餐！』

鲸鱼的骨骼
鲸鱼骨骼中有很多油脂，
这些油脂分解后产生的物质
为很多生物提供了食物。
食骨蠕虫（体长9毫米）
食骨蠕虫看上去就像一朵朵红色的花，但它们是动物。
它们会在鲸鱼的骨骼上钻洞，
从中汲取营养。
深海铠甲虾（体长2厘米）
通体雪白，是寄居蟹的深海远亲。
西川偏文昌鱼（体长4厘米）
在鲸鱼的尸体附近发现的新物种，
普通的文昌鱼栖息在水质干净的地方。

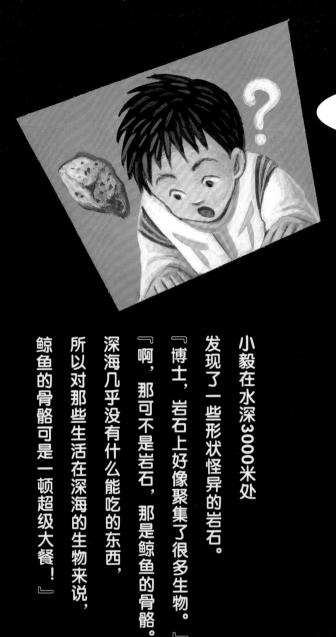

印第号下潜至水深 4000 米处时，
突然被黑色的『烟雾』笼罩了起来。
『博士，不知从哪里涌来了许多漆黑的烟雾，这儿明明是海里啊！』
『是黑烟囱。
那些从烟囱一样的东西中喷出来的
其实是温度极高的热液。』
『仔细一看，岩石上密密麻麻地
爬满了奇怪的生物！』
『那些热液含有丰富的营养物质，
因此很多生物会聚集过来。』

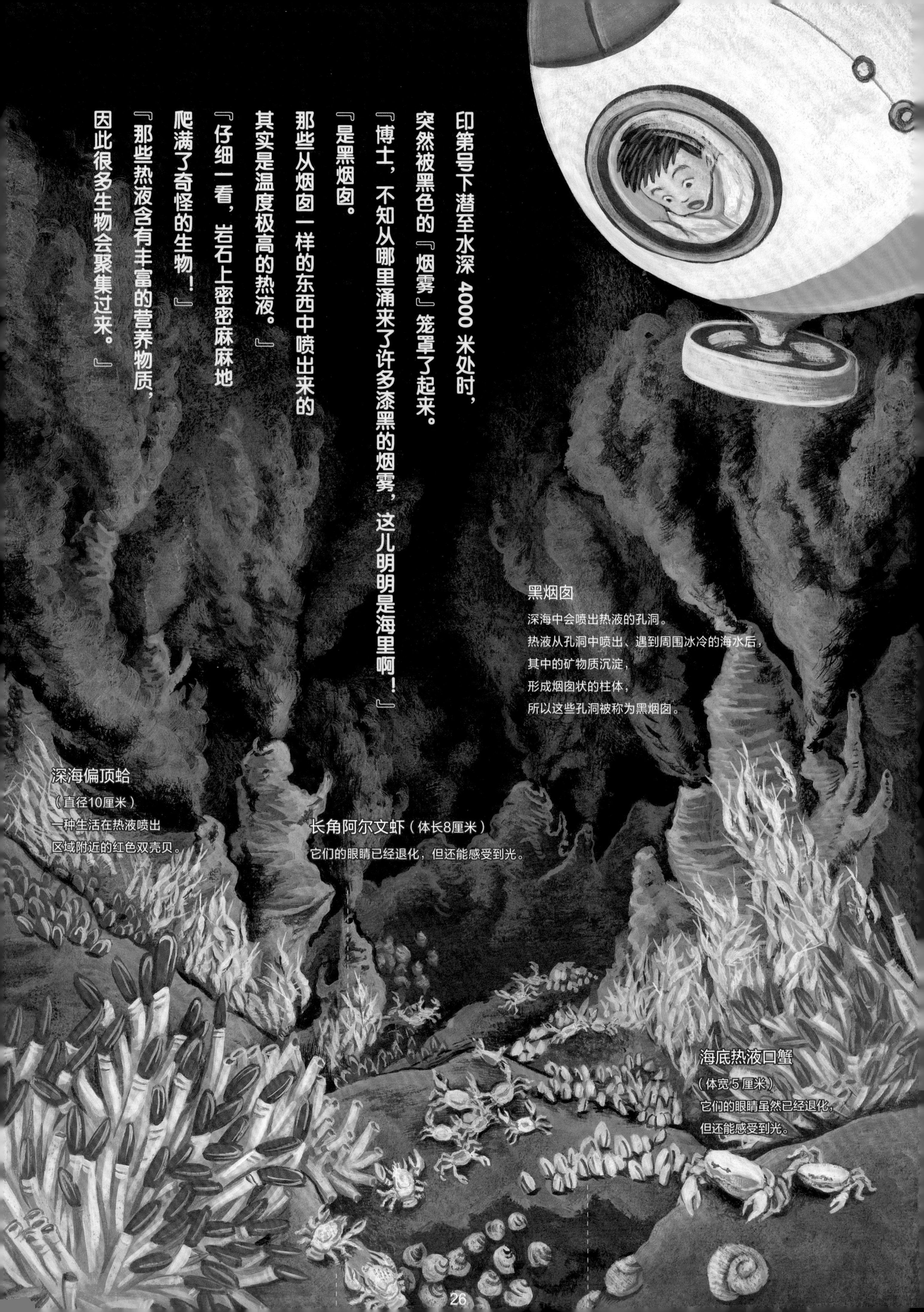
黑烟囱
深海中会喷出热液的孔洞。
热液从孔洞中喷出、遇到周围冰冷的海水后，
其中的矿物质沉淀，
形成烟囱状的柱体，
所以这些孔洞被称为黑烟囱。
深海偏顶蛤
（直径10厘米）
一种生活在热液喷出
区域附近的红色双壳贝。
长角阿尔文虾（体长8厘米）
它们的眼睛已经退化，但还能感受到光。
海底热液口蟹
（体宽 5 厘米）
它们的眼睛虽然已经退化，
但还能感受到光。

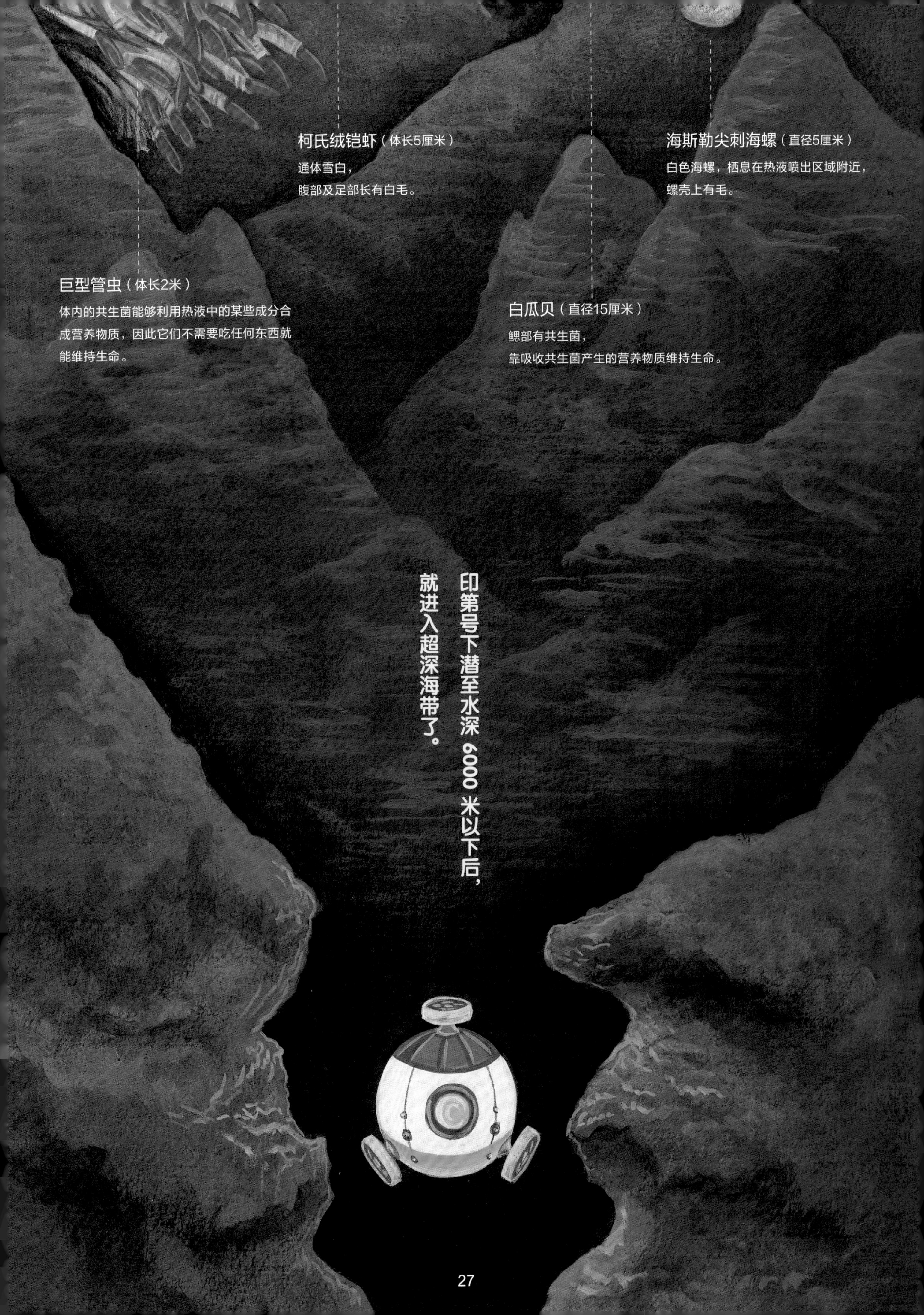

柯氏绒铠虾（体长5厘米）

通体雪白，
腹部及足部长有白毛。

海斯勒尖刺海螺（直径5厘米）

白色海螺，栖息在热液喷出区域附近，
螺壳上有毛。

巨型管虫（体长2米）

体内的共生菌能够利用热液中的某些成分合成营养物质，因此它们不需要吃任何东西就能维持生命。

白瓜贝（直径15厘米）

鳃部有共生菌，
靠吸收共生菌产生的营养物质维持生命。

印第号下潜至水深 6000 米以下后，就进入超深海带了。

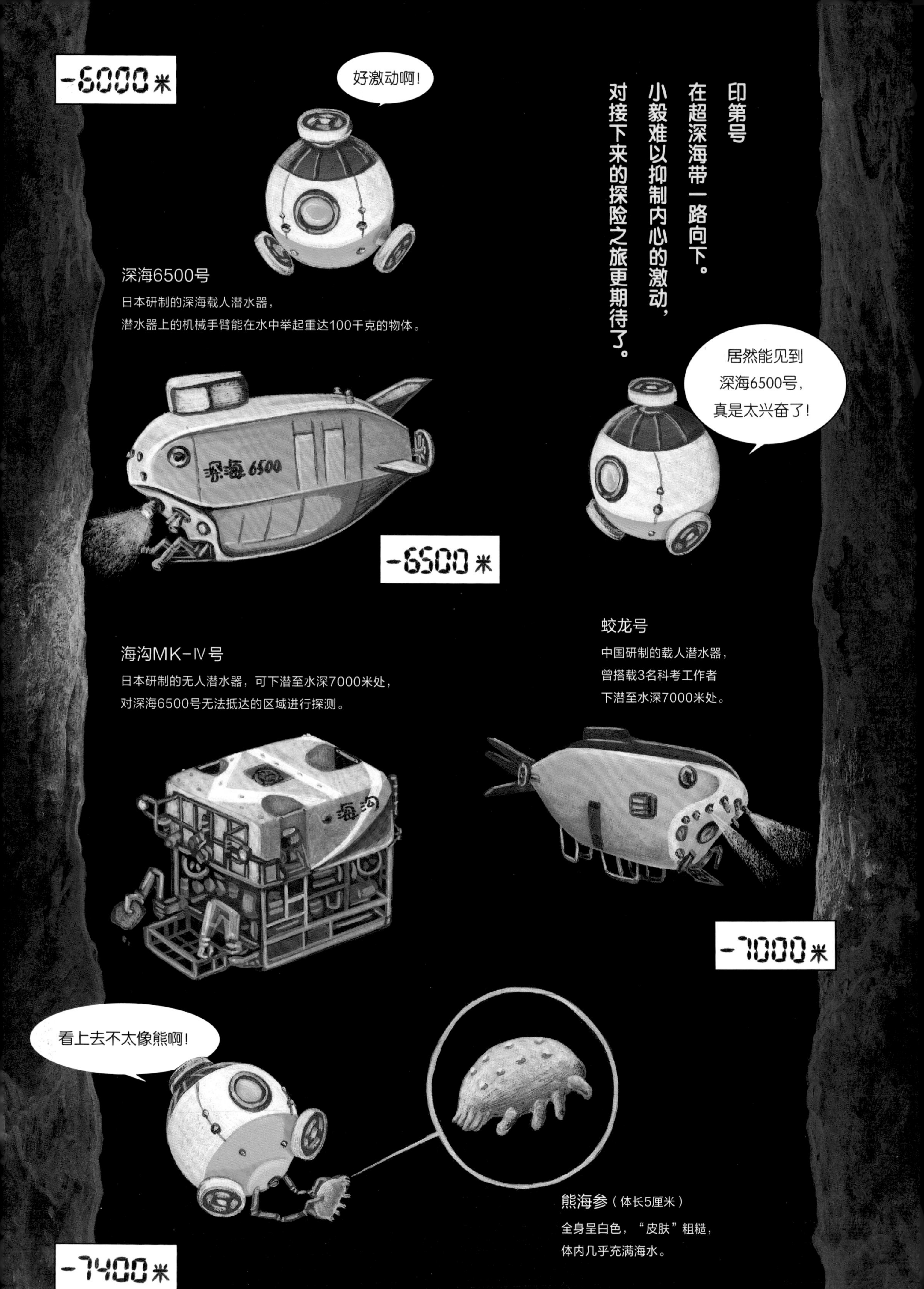
印第号
在超深海带一路向下。
小毅难以抑制内心的激动，
对接下来的探险之旅更期待了。
-6000米
好激动啊！
深海6500号
日本研制的深海载人潜水器，
潜水器上的机械手臂能在水中举起重达100千克的物体。
深海6500
居然能见到
深海6500号，
真是太兴奋了！
-6500米
海沟MK-Ⅳ号
日本研制的无人潜水器，可下潜至水深7000米处，
对深海6500号无法抵达的区域进行探测。
蛟龙号
中国研制的载人潜水器，
曾搭载3名科考工作者
下潜至水深7000米处。
海沟
-7000米
看上去不太像熊啊！
熊海参（体长5厘米）
全身呈白色，“皮肤”粗糙，
体内几乎充满海水。
-7400米

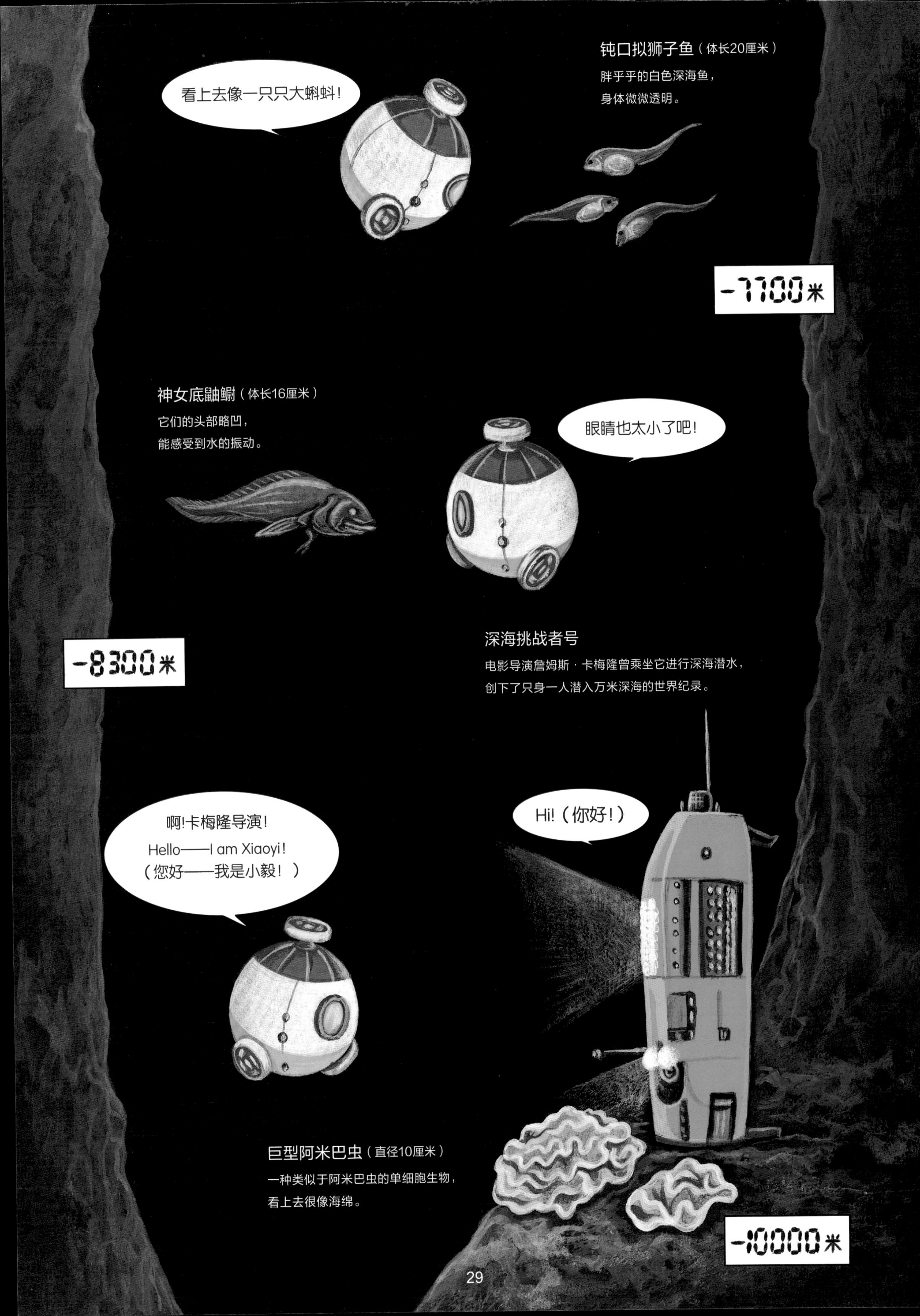
看上去像一只只大蝌蚪！
-7700米
眼睛也太小了吧！
-8300米
Hi!（你好！）
啊!卡梅隆导演！
Hello——I am Xiaoyi！
（您好——我是小毅！）
-10000米

钝口拟狮子鱼（体长20厘米）

胖乎乎的白色深海鱼，
身体微微透明。

神女底鼬鳚（体长16厘米）

它们的头部略凹，
能感受到水的振动。

深海挑战者号

电影导演詹姆斯·卡梅隆曾乘坐它进行深海潜水，
创下了只身一人潜入万米深海的世界纪录。

巨型阿米巴虫（直径10厘米）

一种类似于阿米巴虫的单细胞生物，
看上去很像海绵。

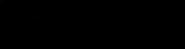

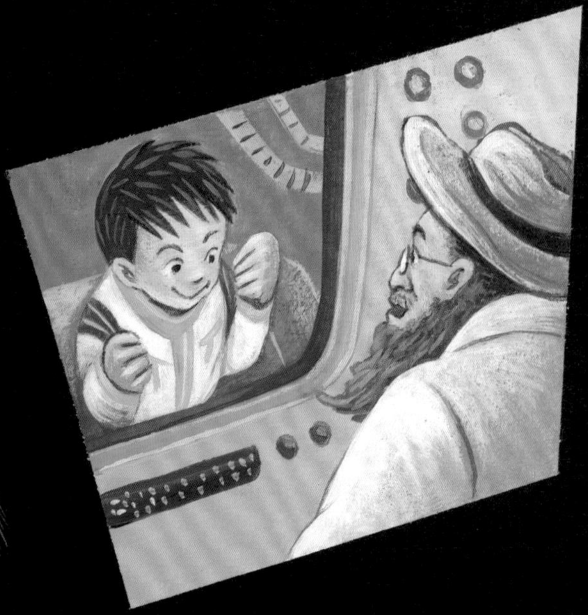

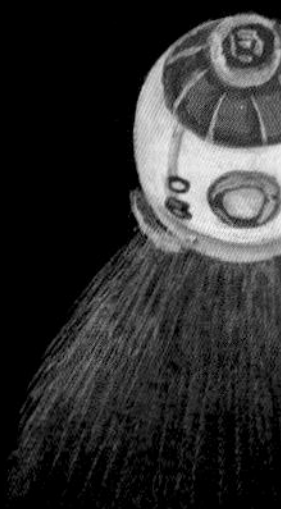

小毅在一片漆黑的大海中继续前行。
博士和小毅聊了起来。
『小毅，你不害怕吗？』
『不害怕！我可是印第号的驾驶员！』

突然，印第号的雷达探测到了活物。
『博士，这里似乎有什么东西！是虾吗？』
『是短脚双眼钩虾。』
『居然能在这么深的地方悠闲地生活，
这种虾的身体结构肯定非同一般！』

短脚双眼钩虾（体长4厘米）
钩虾的一种，身体颜色较浅，
生活在深海最深处。

水压
指水在重力作用下产生的压力。
海底10000米处的水压高达1000个大气压，
相当于1吨重的物体在小拇指的指甲上所产生的压力。

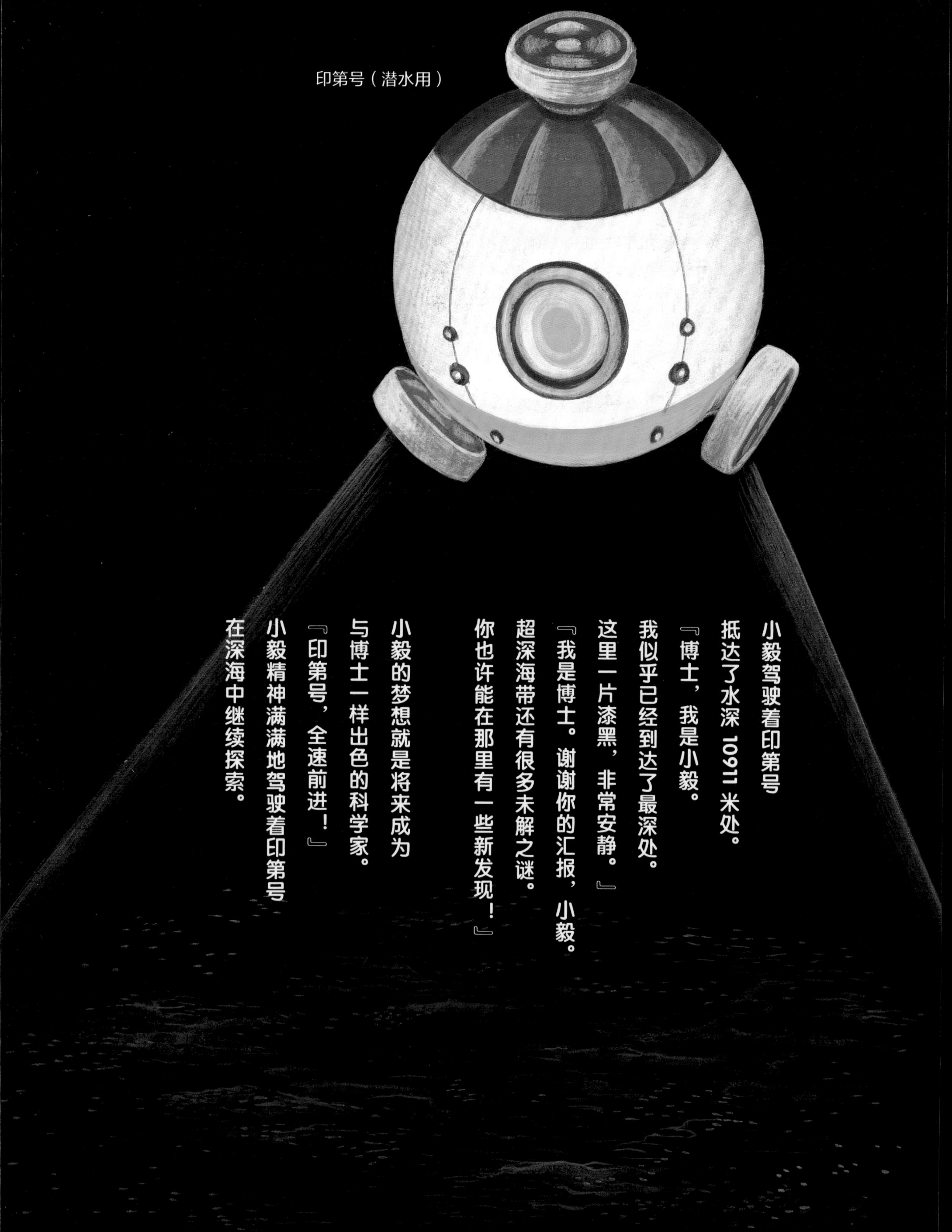

小毅驾驶着印第号
抵达了水深 10911 米处。
『博士，我是小毅。
我似乎已经到达了最深处。
这里一片漆黑，非常安静。』
『我是博士。谢谢你的汇报，小毅。
超深海带还有很多未解之谜。
你也许能在那里有一些新发现！』

小毅的梦想就是将来成为
与博士一样出色的科学家。
『印第号，全速前进！』
小毅精神满满地驾驶着印第号
在深海中继续探索。

从深海到太空

日本 303 BOOKS◎编　［日］大桥庆子◎绘　戴　黛◎译　［日］长沼毅◎审订

本书故事情节均为虚构，书中提及的宇宙探测器、自然现象及生物等通常不会像书中所描绘的那样同时出现。书中生物体形大小对比并非按照精确比例。此外，世界纪录等数字信息为2021年9月截稿时的数据。

书中地图为原书插附地图。

感谢天文航天科普博主、“向太空进发·星球探测”系列绘本作者徐蒙和中科院地球生物学硕士沈韦在审稿过程中给予专业的修改建议和意见。

SORA NO UE UMI NO SOKO
Supervised by Takeshi Naganuma
Illustrated by Keiko Ohashi
Book Art Director : Shinichi Sekine

著作权合同登记号 图字：01-2021-3314

审图号：GS（2021）5130 号

图书在版编目（CIP）数据

从太空到深海 / 日本 303BOOKS 编 ；（日）大桥庆子绘 ；戴黛译． —北京 ：北京科学技术出版社，2022.1
ISBN 978-7-5714-1799-4

Ⅰ．①从… Ⅱ．①日… ②大… ③戴… Ⅲ．①宇宙－儿童读物 ②海洋－儿童读物 Ⅳ．① P159-49 ② P7-49

中国版本图书馆 CIP 数据核字（2021）第 185608 号

策划编辑：徐盼盼
责任编辑：吴佳慧
封面设计：韩庆熙
图文制作：韩庆熙
责任印制：李 茗
出 版 人：曾庆宇
出版发行：北京科学技术出版社
社 址：北京西直门南大街 16 号
邮政编码：100035
ISBN 978-7-5714-1799-4

电 话：0086-10-66135495（总编室）
0086-10-66113227（发行部）
网 址：www.bkydw.cn
印 刷：北京博海升彩色印刷有限公司
开 本：890 mm × 1240 mm 1/16
字 数：41 千字
印 张：2.5
版 次：2022 年 1 月第 1 版
印 次：2022 年 1 月第 1 次印刷

定 价：49.00 元

海洋探索的历史

年代	事件
公元前30世纪	南岛语族人凭借出色的航海技术迁徙到世界各地。据说他们东至复活节岛，西至马达加斯加岛，南至新西兰岛，北至台湾岛和夏威夷群岛
公元前25世纪	古埃及法老萨胡拉墓中的石碑上绘制了从地中海航海归来的船队
公元前20世纪	克里特岛的米诺亚文明在海上贸易的影响下发展起来
公元前13世纪	生活在今天的黎巴嫩的腓尼基人凭借高超的航海技术，通过发展海上贸易向地中海沿岸各个地区扩张势力
公元前5世纪	据古希腊历史学家希罗多德记载，在波斯帝国和希腊交战后，波斯帝国的君主薛西斯一世曾派遣两名“潜水员”打捞在战争中沉入海底的波斯船只上的宝物
	据记载，伯罗奔尼撒战争中已有城邦雇佣潜水员为同盟传递信息、运送物资，从而突破敌方的海上封锁
公元前4世纪	古希腊哲学家亚里士多德对海洋生物进行了研究，并将研究成果写入著作《动物志》；此外，他还提出了潜水钟的设想，以便人类在水下活动
公元前3世纪	古代中国人发明了一种利用磁铁判断方向的工具，并将其命名为“司南”
公元前2世纪	古希腊学者埃拉托色尼计算出地球周长
2世纪	希腊天文学家、地图学家托勒密绘制了包含印度洋和大西洋的世界地图
4世纪	古代中国人发明了指南鱼，这种工具可以利用浮在水面上的磁铁判断方向。指南鱼由阿拉伯人传到了欧洲，欧洲人后来制造了罗盘
11世纪	维京人莱夫·埃里克松成为第一个踏上美洲大陆的欧洲人
13世纪	指南针传入欧洲后，欧洲人绘制了世界上最早的海图——波特兰海图，这一海图在地中海一带被广泛使用
14世纪	1302年，意大利航海家弗拉维奥乔亚发明了航海用罗盘
	1305年，日本出现了最早的手绘地图《日本图》
	《曼德维尔游记》在英国出版，作者在书中提到地球是圆球形的
15世纪	中国明朝永乐、宣德年间，郑和下西洋，最远曾到达东非、红海和美洲地区
	随着指南针的广泛使用和海图绘制等技术的不断发展，欧洲迎来了大航海时代
	1492年，意大利航海家哥伦布到达美洲大陆
	1498年，葡萄牙航海家达伽马探索出绕过非洲好望角通往印度的航线
1500年	西班牙人胡安·科萨绘制了世界上第一幅包含美洲大陆的世界地图
1522年	葡萄牙探险家麦哲伦率领的船队完成了人类历史上首次环球航行，但麦哲伦本人在航行结束前一年去世
1535年	意大利人古格里莫·德洛雷纳制造了首个可投入使用的潜水钟
1569年	佛兰德斯（欧洲历史地名）地图学家麦卡托发明了麦卡托投影法，并根据此方法绘制出了适用于航海的世界地图
1578年	英国数学家威廉·伯恩提出了关于潜水艇的构想
1620年	荷兰发明家尼利斯·德雷尔制造了世界上第一艘潜水艇
1642年	美国人爱德华·本多尔为了打捞沉在海底的英格兰军舰玛丽玫瑰号上的宝物，也制造了潜水钟
1691年	英国天文学家、地球物理学家、数学家埃德蒙·哈雷优化了潜水钟的设计，使潜水员能在水下活动更长时间
1715年	法国人皮埃尔发明了穿戴式潜水服，这种潜水服的头罩部分装有用于输送空气的软管
	英国人约翰·莱斯布里奇发明了单人全封闭潜水服
1770年	本杰明·富兰克林绘制了世界上第一张洋流图
1779年	英国海军军官詹姆斯·库克通过三次航海基本掌握太平洋地理情况，于第三次航海结束当年去世
1821年	日本人伊能忠敬绘制完成《大日本沿海舆地全图》
1831年	英国贝格尔号勘察船开始科考航行，以调查研究南美洲及太平洋海域
1843年	英国博物学家爱德华·福布斯提出“海洋中水深600米以下的海域没有生物存在”的假说
1851年	世界上第一条海底电缆铺设完成，这条电缆横穿英法两国之间的多佛海峡
1853年	日本江户幕府测量东京湾，并绘制出《江户内海浅深测量图》
1855年	日本江户幕府设立长崎海军传习所，教授航海及测量知识，培养掌握航海技术的人才
	美国海洋学家马修·方丹·莫里根据大量船只航海日志，出版了《海洋自然地理学》，第一次系统介绍了风和洋流的运行规律
1857年	美国海军少将詹姆斯·阿登成为世界上首个发现海底谷的人
1858年	大西洋海底电缆铺设完成，但电缆在接通一个多月后损坏
1868年	英国海洋学家查尔斯·威维尔·汤姆森对大西洋进行调查研究，在水深4472米的深海发现了生物，由此证明爱德华·福布斯“海洋中水深600米以下的海域没有生物存在 ”的假说是错误的
1876年	英国挑战者号海洋测量船结束考察，回到英国。挑战者号的考察内容涉及海洋生物学、海洋地质学和海洋物理学等多个领域